方文淵
張秀蓉 編著

湯與飲料

家雜誌社發行

★大衆歡迎兩大期刊★

黃嘉德、黃嘉音主編

西風

譯述西洋雜誌精華

介紹歐美人生社會

黃嘉音主編

家

促進家庭幸福

健全婦女生活

定閱辦法

（一）自由定戶一次預付金圓五十元。

（二）來函請用正楷書明姓名住址及起定期數，以免誤寄。

（三）外埠定費請由銀行或郵局劃滙，郵票代洋十足計算，函寄現款倘有遺失，本社不負責任。

（四）定費用完時由本社專函通知續定。

（五）來函請逕寄上海(23)膠州路一八六號本社。本市定戶在市區內，可以電話（三九五七八）通知派人收款。

定戶四大利益

（一）每期按款到時定價七五折扣款。郵包費另加。

（二）定戶儘先提早發書。

（三）購買本版書刊，來函註明定單號碼，一律八折優待。

（四）委託代辦外版書刊，來函註明定單號碼，可享九折優待。

郵購辦法

（一）來函請將姓名住址分別用正楷書寫。

（二）本社定戶一律照上海定價八折優待。

（三）函購者擬購之書籍請註明書名，作者，册數及原出版處或經售處，以省採購時間。

（四）書款請照該書定價滙足，並請酌滙郵費包紮費約二成。

（五）書款請由銀行或郵局滙劃，郵票代洋十足通用。函附現鈔如有遺失恕不負責。

（六）書刊寄出，如有遺失或濕破，除代向郵局查詢外，本社不負賠償責任。

訂閱處：上海(23)膠州路一八六號

西風社★家雜誌社

前言

黃嘉音

這本書的編著者是方文淵和張秀蓉兩位女士，她們都是上海營養指導所的主幹人物。凡是常讀『家』雜誌的讀者，對於方文淵女士的作品一定是很熟悉的，她曾經爲『家』編了一年的食譜。方女士是我國有數的營養專門人才，畢業於燕京大學，曾留學美國，得愛俄華大學營養學碩士學位，並担任美國奥瑞崗和支加哥兩大學的營養研究員。回國之後，歷任北平協和醫院飲食部副主任，成都華西大學醫院飲食部主任，現任上海營養指導所主任。張秀蓉女士畢業於南京金陵女子文理學院，服務於營養指導所，對於家政亦研究有素。這本書由她們兩位來合作編著，可說是最合適不過的了。

這本書的內容分成（一）淸湯，（二）奶湯，（三）濃湯，（四）冷湯，和（五）飲料五大類，共一百十六種。本書與一般『紙上談兵』的食譜不同，其中每一種湯和每一種飲料，都經過上海中美醫院營養部主任孫毓蘭女士的實際調製和檢定，因此其中的分量，都是有根據而恰當的。

湯與飲料小引

湯與飲料皆有提高食慾的功用，能剌激胃酸分泌，加強消化力。常見西人每於進餐前，先來一小杯果汁或一道湯，的確是合乎生理的需要，對於身體健康，是有相當補助的。

本書係作者根據歷年經驗所得，並參考各種有關資料，編訂而成。內容包括『湯與飲料』一百十六種，依其性質，劃分為清湯，奶湯，濃湯，冷湯和飲料五類。

湯的濃淡，可配合菜餚選製；假如菜餚濃膩，則湯宜清淡。反之，菜餚清淡，就需採用濃湯或奶湯了。湯的冷熱，須視天時而定。如果天氣酷熱，宜採用冷飲，天氣寒冷，必須採用熱湯。又常見有些成人和兒童，不喜飲牛奶，但牛奶中卻含有豐富的營養成分，對於乳母孕婦不可缺少，兒童更需要。故將牛奶調製成各式飲料，或各式湯類，以引誘他們食用，也是一種很好的方法。

湯除具有營養價值外，還需要注意顏色的配合，和口味的調製。例如在湯中加些番茄，豆腐，青菜，蛋黃等，色彩的配合就顯得鮮豔。如再口味適宜，清香撲鼻，自會逗得人饞涎欲滴，食慾加強。

本書所擬的湯類，原料都很普遍，容易採購。作料方面，可依其性質，酌量採用當地產品，例如湯中需用香菜，香菜缺乏，可用鮮豆苗代替。

本書中所有的湯與飲料，都曾經上海中美醫院營養部主任孫毓蘭女士協同試驗調製檢定，對於男、女、老、幼，都很適用。惟於兒童方面，須注意採用口味清淡和香味較少的湯類，以適應其口味與消化。

食品的消毒與處理

消毒法

（一）水菓——水菓是增進食慾和幫助消化的食品，並且含有多種維生素，礦物鹽及粗纖維。所以吃水菓能增加身體的健康與抵抗力。

水菓可分帶皮食及不帶皮食兩種，前者如梨，杏，蘋菓等，因外皮所含營養成分很多，食之對身體有益。後者如香蕉，柿子，西瓜，桃子等，外皮不堪食用，故須去皮，不帶皮食的水菓可以不用消毒；而帶皮食的水菓，一定要用肥皂水洗過，再用開水冲過食之。如草梅，楊梅等則須先以鹽水泡過，再用開水洗過，才可以吃。

（二）蔬菜——凡是涼拌，如黃瓜，刀豆，燈籠椒，綠豆芽等，或生吃的蔬菜如香菜，豆苗等，最好將它浸在正煮開的沸水內一分鐘，然後取出涼拌或生吃，這樣可以把蒼蠅同一部份有害人體的寄生蟲卵殺死。

（三）冷飲——菓子露買回以後，最好先經煮開，然後保存在乾淨的玻璃瓶裏，再分次冲食。

（四）罐頭食品——罐頭往往是多年的存貨，所以一定得注意罐頭的形狀是否完整或長銹，即使罐頭完整而無銹，爲了可靠起見，購來後仍須煮開後才吃。

（五）涼拼盤——如燻魚，叉燒，醬雞，醬鴨，滷味等，爲了安全起見，應先蒸一下消消毒才吃。

處理法

各種食品消毒前後的處理方法，應該注意下列各點：

（一）預備消毒材料——肥皂，開水消毒過的抹布，以及清潔的杯盤。

（二）洗手——每次調製食品及吃東西前，一定要先用肥皂水洗手。

（三）避免蠅蟲侵犯——凡消毒過的食物，再也不能讓蒼蠅來打攪。這些食品必須用紗罩蓋好，如有冰箱，應將食品放入冰箱中。

（四）做廚師的應注意勿將頭髮掉在飯菜中，最好在烹飪時戴上一頂帽子。

（五）拿食物時應儘量不用手來取。

（六）做東西時應圍一條清潔圍裙。

（七）拿碗時勿將手指放在碗內。

重量衡

一夸特等於兩水磅即九百六十西西。

一水磅等於兩量杯即四百八十西西。

一量杯等於十六湯匙即二百四十西西。
一湯匙等於三茶匙即十五西西。
一茶匙即五西西。
一公斤等於兩市斤，即一千公分。
一市斤等於十六兩，即五百公分。
一市斤等於一、一磅，即五百公分。
一磅等於十四兩半，即四百五十公分。
一兩即三十一公分。

湯與飲料目錄

(一) 清湯

(一)元湯……(一七)
(二)火雞骨湯……(一七)
(三)雞肉清湯……(一七)
(四)羊肉清湯……(一八)
(五)小牛爪清湯……(一八)
(六)蘇格蘭清湯……(一九)
(七)香菇清湯(一)……(一九)
(八)鮮蘑菇清湯(二)……(二〇)
(九)青菜冬菰肉片湯……(二〇)
(一〇)南瓜湯……(二〇)
(一一)蔬菜湯(不用肉湯煮)……(二一)
(一二)蔬菜湯(以肉湯煮)……(二一)

（一三）白蘿蔔肉骨湯……（一二）
（一四）萵苣絲肉絲湯……（一二）
（一五）藕片肉湯……（一二）
（一六）黃豆芽肉片湯……（一三）
（一七）蛋花牛肉湯……（一三）
（一八）菠菜蛋花湯……（一四）
（一九）菠菜豆腐湯……（一四）
（二〇）冬瓜蝦米湯……（一四）
（二一）紫菜蝦米湯……（一五）
（二二）大白菜肉絲湯……（一五）
（二三）小白菜肉丸湯……（一五）
（二四）雞毛菜肉絲湯……（一六）
（二五）榨菜肉絲湯……（一六）
（二六）榨菜豆瓣湯……（一七）
（二七）番茄清湯……（一七）
（二八）乾酪番茄清湯……（一七）
（二九）番茄牛肉汁清湯……（一八）

（三〇）番茄洋葱肉丁湯……（二八）
（三一）豆腐番茄肉片湯……（二九）
（三二）蝦仁番茄豆腐湯……（二九）
（三三）番茄猪肝湯……（二九）
（三四）青菜肝片湯……（三〇）
（三五）青菜腰花湯……（三〇）
（三六）粉皮肉片湯……（三一）
（三七）牛肉通心粉湯……（三一）
（三八）檸檬汁清湯……（三一）
（三九）濃鷄湯……（三二）

（二）奶湯

（四〇）番茄快湯……（三五）
（四一）萵苣奶湯……（三五）
（四二）蔬菜奶湯……（三五）
（四三）洋葱奶油湯……（三六）
（四四）胡蘿蔔濃奶湯……（三六）

(四五)豆粉珍珠米湯……(三六)
(四六)洋芋快湯……(三七)
(四七)洋芋白菜湯……(三七)
(四八)黃豆洋芋湯……(三八)
(四九)洋芋奶湯(一)……(三八)
(五〇)洋芋奶湯(二)……(三八)
(五一)羅宋咖哩湯……(三九)
(五二)鮮魚濃湯……(三九)

(三)濃湯

(五三)白奶湯……(四三)
(五四)牛奶油麵湯……(四三)
(五五)四季豆濃奶湯……(四三)
(五六)豌豆奶油湯……(四四)
(五七)乾豆或豌豆湯……(四四)
(五八)蔬菜快湯……(四五)
(五九)蔬菜濃湯……(四五)

（六〇）蔬菜奶油湯……（四五）
（六一）芹菜奶油湯……（四六）
（六二）奶油菜花湯……（四六）
（六三）奶油蘆筍湯……（四七）
（六四）黃瓜奶油湯……（四七）
（六五）春季白濃湯……（四八）
（六六）公爵夫人湯……（四八）
（六七）香菌奶油湯……（四八）
（六八）花生奶油湯……（四九）
（六九）果仁雞湯……（四九）
（七〇）蔬菜魚香湯……（五〇）
（七一）奶油蟶子湯……（五〇）
（七二）肝湯……（五〇）
（七三）珍珠米奶湯……（五一）
（七四）番茄珍珠米奶湯……（五一）
（七五）番茄奶油湯……（五二）
（七六）番茄肉丁濃湯……（五二）

（七七）牛尾湯……（五三）
（七八）蟹肉濃湯（或名紐奧連濃湯）……（五三）
（七九）杜伯莉濃湯……（五四）
（八〇）洋葱濃湯……（五四）
（八一）麥片菜湯……（五五）

（四）冷湯

（八二）香冷雞湯……（五九）
（八三）番茄牛奶雞尾汁……（五九）

（五）飲料

（八四）可可糖汁……（六三）
（八五）可可茶（一）……（六三）
（八六）可可茶（二）……（六三）
（八七）巧克力牛奶茶……（六四）
（八八）牛奶巧克力汁……（六四）
（八九）香料牛奶……（六四）

（九〇）牛奶果子汁……（六五）
（九一）番茄牛奶汁……（六五）
（九二）葡萄汁……（六六）
（九三）熱飲果子汁……（六六）
（九四）西印度牛奶茶……（六六）
（九五）橘子牛奶茶……（六七）
（九六）番茄牛奶茶……（六七）
（九七）杏仁茶……（六七）
（九八）撈糟小湯丸……（六八）
（九九）綠豆百合湯……（六八）
（一〇〇）赤豆湯……（六八）
（一〇一）桃子羹……（六九）
（一〇二）香梨羹……（六九）
（一〇三）櫻桃羹……（六九）
（一〇四）草梅奶羹……（七〇）
（一〇五）荸薺羹……（七〇）
（一〇六）紅李子羹……（七〇）

（一〇七）杏羹……（七一）
（一〇八）橙子羹……（七一）
（一〇九）菠蘿羹……（七一）
（一一〇）葛仙米羹……（七二）
（一一一）核桃羹……（七二）
（一一二）雞蛋羹……（七二）
（一一三）牛奶羹……（七三）
（一一四）檸檬雪……（七三）
（一一五）冰粉凍……（七四）
（一一六）冰雪果子湯……（七四）

（一）清　湯（一至三九）

（一）元湯

材料——骨頭帶肉二磅　水十二杯　洋葱（切丁）一個　胡蘿蔔（切丁）一根　白菜一杯　丁香四粒　青椒六只　芹菜一杯　鹽少許　香菜（切碎）少許

製法——肉洗淨，切成小塊，置於水內，加作料等煮三小時，撇去上面浮泡。各物煮熟後，將此湯置於冰箱內待用。

注意——此湯可煮菜用，或加至其它湯內，以增美味。

（二）火鷄骨湯

材料——整個火鷄骨架一隻　冷水八杯　胡蘿蔔（片）一個　芹菜（切碎）一根　香菜一根　洋葱（切碎）一茶匙　肉桂四分之一根　胡椒果三粒　鹽半茶匙

製法——置所有的作料於一大湯鑊內，於火上燉約二小時，過濾即成。

結果——六至八份。

（三）鷄肉清湯

材料——鷄一隻（約四磅）　冷水六杯　胡蘿蔔六隻　芹菜二把　花椒粉四分之一茶匙　洋葱一個（切絲）　食鹽與胡椒少許

製法——將雞腿與翅膀切下，把胸與背切開洗淨，除雞胸外，其餘皆放入鍋中，加鹽，慢慢加熱至沸，再放入雞胸肉，煮至胸肉熟嫩。稍冷，除去油質，再濾清，把雞肉取出，再放入濾過的湯內即可。煮時亦可加入一湯匙瘦火腿。如須快煮雞肉清湯，則可用聽頭雞肉和雞湯精同煮之。

結果——八份至十份。

（四）羊肉清湯

材料——羊肉（頸部）三磅　冷水十杯　鹽一茶匙　大米或大麥三湯匙　胡椒少許

製法——先將羊肉洗淨，去掉肥肉與皮骨等，切成肉丁，與骨頭一起放在鍋內，加冷水。慢慢加熱至沸，撇去浮泡。加食鹽與胡椒，再慢慢煮至羊肉柔嫩，濾清。去油質，再煮至沸，加入大米或大麥，煮至米或麥子軟熟，即可食用。（如用大麥則須先在冷水中浸過一夜，然後備用。）

結果——十二份。

（五）小牛爪清湯

材料——小牛爪尖四磅　冷水八杯　食鹽一湯匙　花椒粉半茶匙　洋葱頭一個　芹菜二把　香料少許

製法——將牛爪切塊，與水鹽一齊放入鍋中，慢慢加熱使沸，撇去浮泡。再用微火煮四五小時，然後濾清，再把牛爪取出，放入濾清的湯內食之。

結果——六至八份。

（六）蘇格蘭清湯

材料——羊肉或小羊肉三磅　大麥或米（在冷水內浸過十二小時）半杯　黃油四湯匙　胡蘿蔔四分之一杯　芹菜四分之一杯　洋葱頭四分之一杯　麵粉二湯匙　香菜末半湯匙　白蘿蔔四分之一杯　食鹽與胡椒少許　水十杯

製法——把羊肉切成丁，放入鍋中，加三磅冷水，速煮沸。撇去浮泡，加入大麥，用微火煮爛約一小時半。置羊骨於另一鍋中，加冷水，徐徐加熱使沸，撇去浮泡，再煮一小時半。濾去煮骨的水，加入煮肉的鍋內，再將蔬菜一起用二湯匙黃油炒五分鐘後，加入湯內。同時加鹽與胡椒再煮，使蔬菜變軟。再加入餘下的黃油與麵粉。在食時再加香菜末。（大麥可以米代之。）

結果——十二份。

（七）香菇清湯（一）

材料——香菇半磅　濃味清湯三磅　葡萄酒少許

製法——將香菇涮洗淨，莖切碎，帽部切成小片，倒入湯內，煮沸後再以文火煮半小時。待稍冷，進食時，加入少許葡萄酒即可。

結果——六至八份。

（八）　蘑菇清湯（二）

材料——新鮮蘑菇半磅　香檳酒少許　水三磅

製法——先將蘑菇洗淨，將莖部與冠部切成小塊，加水，徐徐加熱使沸。再以文火煮三十分鐘，食前加香檳酒。

結果——六至八份。

（九）　青菜冬菰肉片湯

材料——青菜六兩　冬菰二兩　肉（切片）半磅　油二湯匙　鹽少許　水七杯半

製法——先將冬菰浸於水中半日，洗淨，將浸冬菰的水過濾待用。把肉片置於油內炒二分鐘，加入青菜，冬菰及冬菰水，合煮至各菜均熟時即成。食時加鹽。

結果——六至八份。

（一〇）　南瓜湯

材料——鹹肉（切丁）四分之一磅　水五杯　肉桂一根　聽頭南瓜泥一杯　鹽一茶匙半　咖哩粉一茶匙　百里香及辣椒碎末少許

製法——先煎鹹肉，再加水、百里香、肉桂同煮半小時。再加南瓜泥、鹽，辣椒合煮十五至二十分鐘，以紗布濾之，加咖哩粉後再煮熱，趁熱食用。

結果——六至八份。

（一一）蔬菜湯（不用肉湯煮）

材料——胡蘿蔔丁二杯　白蘿蔔丁一杯　洋芋丁二杯　番茄四杯　沸水八杯　洋葱片（或切碎）二杯　豬油或其它油半杯　洋白菜（切碎）二杯　胡椒及鹽酌量用以調味

製法——混合胡蘿蔔，白蘿蔔，洋芋及番茄於水中，慢慢煮至熟，再以洋葱入油中煎黃，加白菜於以上各物內，微煮片刻，蒸熟時撒以胡椒及鹽即成。

結果——十二至十四份。

（一二）蔬菜湯（以肉湯煮）

材料——肉骨四磅　沸水六磅　洋葱（切碎）四分之三杯　洋芋二磅　番茄二磅　鹽一湯匙　胡蘿蔔丁二杯

製法——肉骨洗淨，置水內，閉蓋煮約二、三小時，至肉極爛爲止。去骨將肉切碎，置於湯內，將肥肉置於鍋內煎，至呈微黃色，加洋芋、番茄、胡蘿蔔及洋葱，入湯內煮熟，加鹽及碎肉入內，稍煮片刻卽成。

結果——十二至十四份。

（一三）白蘿蔔肉骨湯

材料——白蘿蔔（切片）一斤半　肉骨頭二斤　水八杯　鹽少許

製法——將肉骨洗淨，置水中煮沸約一小時半，撇去浮泡，置蘿蔔片入內，再煮至熟時，加鹽卽可食。

結果——六至八份。

（一四）萵苣絲肉絲湯

材料——萵苣（切絲）三大根　肉（切絲）半磅　鹽少許　油二湯匙　肉湯七杯半

製法——將萵苣絲置於油內炒五分鐘，倒入肉絲炒二分鐘後，卽加肉湯同煮至熟時，加鹽卽成。

結果——六至八份。

（一五）藕片肉湯

材料——藕（切片）一根　猪肉半斤　肉湯七杯半　鹽少許

製法——將藕洗淨，去皮切片。將猪肉洗淨切方塊。先置猪肉於肉湯中煮至快熟時，將猪肉盛起待用。將藕片置肉湯中煮二三小時，俟藕熟爛時，將肉再放入湯中，煮至肉熟時即成。食時可加鹽以調味。

結果——六至八份。

注意——藕湯不加醬油，因煮熟時自成赤豆色湯。

（一六）黃豆芽肉片湯

材料——肉（切薄片）半磅　黃豆芽半斤　油二湯匙　鹽少許　水七杯半

製法——將豆芽洗淨，去根，置油內炒五分鐘，加水煮約四十五分鐘　俟豆芽爛熟，湯色發白時，即用漏杓盛出豆芽，用此湯煮肉片，至肉熟時加鹽即可食，色清味鮮美。

注意——豆芽不食，勿置於湯內，可盛出。

結果——六至八份。

（一七）蛋花牛肉湯

材料——熱水四杯　牛肉湯精四小方塊　食鹽少許　磨碎乾酪三湯匙　新鮮麵包心（切碎）一杯　鷄蛋二只

製法——將塊狀牛肉湯精溶觧於熱水中，再將乾酪與碎麵包心攪入鷄蛋中，徐徐加入牛肉湯溶液及

結果——六至八份。適量的食鹽與胡椒，煮八分鐘，煮時攪之使勻。

（一八）菠菜蛋花湯

材料——菠菜半斤　鷄蛋四隻　油二湯匙　肉湯七杯半　鹽少許

製法——將菠菜洗淨，切去其根部，置於油中熱炒，加鹽及肉湯，開蓋煮沸時，將蛋打好，倒入沸湯內成蛋花時即可。

結果——六至八份。

（一九）菠菜豆腐湯

材料——菠菜半斤　嫩豆腐（切片）一大塊　油二湯匙　肉湯七杯半　鹽少許

製法——將菠菜洗淨，切去紅根，置於油中熱炒，加鹽少許，再加水及豆腐片，開蓋煮至豆腐熟時即成。

結果——六至八份。

（二〇）冬瓜蝦米湯

材料——冬瓜十兩　乾蝦米（先浸酒中）二湯匙　油二湯匙　水七杯半　麵粉二湯匙　鹽少許

製法——將冬瓜洗淨，去皮，切成片。將麵粉和以少許水塗於冬瓜外層，置於油中炒五分鐘，即加蝦米及水，閉蓋煮熟即可食。湯色奶白，味鮮，食時可加鹽。

結果——六至八份。

（二一）紫菜蝦米湯

材料——紫菜三分之一兩　乾蝦米二湯匙（浸於一湯匙酒內）　油二湯匙　肉湯或水七杯半　鹽少許

製法——將紫菜浸入水中半小時，洗淨，與蝦米一起置入水中，煮熟即可食。食時加油，鹽及味精等調味。

結果——六至八份。

（二二）大白菜（黃芽菜）肉絲湯

材料——白菜（切絲）半棵　豬肉（切絲）半磅　油二湯匙　水七杯半　鹽、醬油少許

製法——白菜及豬肉洗淨切絲，置豬肉於油中熱炒二、三分鐘，倒入白菜絲炒片刻，加少許醬油，鹽，及水，煮至菜及肉絲熟時即成。

結果——六至八份。

（二三）小白菜肉丸湯

材料——小白菜半磅　肉半磅　葱薑黃酒半湯匙　糰粉一湯匙　鷄蛋一隻　肉湯七杯半　鹽少許

製法——肉洗淨用刀砧碎成泥，葱薑少許砧碎，和以黃酒，糰粉，及打好之鷄蛋，同調於肉泥內。加少許鹽，搓成小肉丸，置盤內待用。

將青菜洗淨、切去根，置水中煮沸時，即將搓好之肉丸逐一倒入湯中，煮半小時，俟肉丸熟時即成。

結果——六至八份。

（二四）鷄毛菜肉絲湯

材料——鷄毛菜半斤　肉四兩　鷄蛋一個　油二湯匙　肉湯七杯　葱薑末少許　鹽及胡椒粉少許

製法——將鷄毛菜洗淨，切去根待用，將肉洗淨切絲，以鷄蛋、葱、薑等和勻，再置於油中炒片刻。倒入鷄毛菜，鹽及水，煮熟即成，食時加胡椒粉亦可。

結果——六至八份。

（二五）榨菜肉絲湯

材料——榨菜四兩　肉四兩　油二湯匙　水七杯半　葱（切成末）少許

製法——將榨菜及肉洗淨，切成絲，與葱末拌勻，置於油中炒熱，倒入榨菜及水煮沸即可。

結果——六至八份。

（二六）榨菜豆瓣湯

材料——榨菜四兩　蠶豆瓣四兩　油二湯匙　水七杯半

製法——將榨菜洗淨，切成小薄片，將蠶豆瓣洗淨後，置於油中炒片刻，加榨菜及水煮沸即成。

結果——六至八份。

（二七）番茄清湯

材料——芹菜丁四分之一杯　胡蘿蔔丁四分之一杯　油二湯匙　洋葱丁四分之一杯　生火腿丁四分之一杯　香菜二根　聽頭番茄四杯　胡椒粉半茶匙　丁香三根　百里香八分之一茶匙　肉桂一根　鹽四分之三茶匙　肉湯（濃）四杯

製法——置芹菜、胡蘿蔔、洋葱及火腿入油鍋炒五分鐘，加香菜番茄及其它作料，閉蓋以文火煮一小時，煮好以紗布過濾之，再加煮熱之濃肉湯即成。

結果——十二至十四份。

（二八）乾酪番茄清湯

材料——奶油其司（乾酪）十二兩　麵粉二湯匙　番茄汁三杯　水一杯　壓碎波羅蜜一杯

製法——混合乾酪，麵粉與壓碎之波羅蜜於鍋中，慢慢傾入番茄汁及水後煮熱，并隨時攪動。使成稍濃之液體即可。

結果——六至八份。

（二九）番茄牛肉汁淸湯

材料——番茄（新鮮或聽裝者）二杯　丁香六粒　洋葱頭（切細）一湯匙　香料粉半茶匙　牛肉湯或鷄湯（湯精沖成）六杯　花椒粉半茶匙

製法——將應用食料混合煮二十分鐘，攪爛過濾，熱或冷均可。如需其略呈凍狀，則加入一湯匙半之膠質食料，如洋菜即可。

結果——八至十份。

（三〇）番茄洋葱肉丁湯

材料——番茄六個　洋葱（切碎）四個　豬肉（切丁）半磅　油一湯匙　鹽、胡椒粉少許　鷄蛋一隻　肉湯七杯半

製法——將洋葱、豬肉丁、鹽、胡椒粉、鷄蛋和勻，置於熱油中炒十五分鐘（至洋葱呈淺黃色），加番茄及肉湯同煮至各菜均熟時即成。

結果——六至八份。

(三一) 豆腐番茄肉片湯

材料——嫩豆腐兩大塊切片　番茄(切片)六個　肉(切片)半磅　鹽少許　肉湯七杯半

製法——將肉洗淨，切成片，放湯中煮約一小時。俟熟時，加豆腐及番茄，煮至豆腐熟時即成。食時加鹽。

結果——六至八份。

(三二) 蝦仁番茄豆腐湯

材料——蝦半斤(去殼)　番茄(切小片)六個　油三湯匙　嫩豆腐(切小片)二塊　鹽少許　肉湯七杯半

製法——蝦去殼後於清水中洗淨，將蝦仁置油中快炒一二分鐘，加鹽及湯同煮三五分鐘，加番茄、嫩豆腐同煮至熟時即可食。味鮮美。

結果——六至八份。

(三三) 番茄豬肝湯

材料——番茄六隻　豬肝(切片)四兩　葱薑切碎　黃酒　鹽　肉湯七杯半

製法——將肉湯煮沸，將豬肝切薄片，置於酒葱薑等中先浸十五至二十分鐘，一齊倒入煮沸肉湯中，加番茄、鹽，俟肝片嫩熟後即成。

結果——六至八份。

（三四）青菜肝片湯

材料——青菜半磅　猪肝四兩　鹽　葱　薑　黃酒　肉湯七杯半　油二湯匙

製法——將青菜洗淨，切去根部，置熱油內炒三分鐘，加湯煮至沸時，加入肝片，俟肝熱時即成。但勿過老，食時加鹽。

結果——六至八份。

注意——肝切薄片，置於葱、薑、黃酒等汁中先浸十五分鐘，可去腥味。

（三五）青菜腰花湯

材料——青菜半磅　猪腰一對　鹽　葱　薑　黃酒少許　肉湯七杯半　油二湯匙

製法——將青菜洗淨，切去根部，置熱油中炒三分鐘，加湯，煮沸時，即加入腰花片。俟腰片熟時即成。食時加鹽。

結果——六至八份。

注意——腰子買來後以刀從中切開，剝去中間的筋泡，再用刀在外面切成縱斜紋，分成小片，浸入葱、薑、酒等汁中十五分鐘。

（三六）粉皮肉片湯

材料——粉皮或粉條（先泡好）二兩　肉（切片）四兩　醬油四湯匙　肉湯七杯半　油二湯匙　鹽少許

製法——將肉洗淨切片，置於熱油內炒十五分鐘，加湯煮至半熟時，即加粉皮，煮至熟後，加醬油，鹽，煮二至三分鐘即成。

結果——六至八份。

（三七）牛肉通心粉

材料——牛肉一磅　番茄一磅　青辣椒（切碎）三湯匙　洋葱頭（切碎）二湯匙　黃油四分之一杯　麵粉三分之一杯　煮過的通心粉（切斷）四分之一杯　食鹽　胡椒少許　水十杯

製法——用黃油炒洋葱頭，加胡椒，約五分鐘調入麵粉番茄和水，用微火煮十五分鐘，濾淸，加鹽及通心粉。

結果——十二至十四份。

（三八）檸檬汁清湯

材料——鷄蛋（打勻）三只　食鹽一茶匙　冷水二湯匙　檸檬汁五茶匙　半熟牛肉湯六杯

製法——將混合打勻之鷄蛋、鹽、水、與檸檬汁，慢慢倒入半熱的牛肉湯中，然後煮之使沸。

結果——六至八份。

（三九）濃鷄湯

材料——洋葱（切碎）一隻　油四湯匙　原鷄湯四杯　青椒（切碎）半個　小捲心菜一杯　鹽二茶匙　胡椒粉四分之一茶匙　番茄一或二杯

製法——將洋葱置於油內炒五分鐘，再加原鷄湯及其他調味品，以文火煮至沸即得。

結果——八份。

（二）奶　湯（四〇至五二）

（四〇）番茄快湯

材料——番茄汁二杯　牛奶三杯　鹽一茶匙　胡椒少許　油一湯匙

製法——番茄加入牛奶，慢慢煮沸，加鹽、胡椒，油即得。

結果——六至八份。

（四一）萵苣奶湯

材料——原鷄湯或牛肉湯二杯半　大萵苣（切片）一根　米二湯匙　奶油半杯　洋葱（切片）四分之一湯匙　黃油一湯匙　水二杯　蛋黃（打開）一個　果仁數粒　鹽及胡椒少許

製法——置洋葱於油中煎五分鐘，加萵苣，米及肉湯，煮至米熟後，再加奶油、蛋黃、果仁、鹽、胡椒、水，稍煮即成。

結果——八至十份。

（四二）蔬菜奶湯

材料——蓮花白菜半磅　胡蘿蔔四個　洋葱二個　洋芋三個　芹菜二根　鹽一茶匙　淡奶一杯　水一杯

製法——將白菜洗淨，切成小段，以少量水煮熟，加牛奶、水及鹽以及其他蔬菜，一齊煮熟即成。

結果——六至八份。

（四三）洋葱奶油湯

材料——中等大洋芋四個　中等大洋葱半個　黃油二湯匙　牛奶二磅　鹽一茶匙　胡椒粉半茶匙
香菜（切碎）少許　水一杯半

製法——將洋芋洗淨，切片，置於少量水中，煮至爛後壓成泥。將水和洋葱置鍋中煮熟。將洋葱取出，倒牛奶、油、鹽及胡椒粉於洋芋水內煮沸，將碎香菜撒上。

結果——六至八份。

（四四）胡蘿蔔濃奶湯

材料——洋葱（切碎）一杯　胡蘿蔔丁三杯　開水二杯　鹽一茶匙半　淡奶二杯　青菜湯三杯　油二湯匙　胡椒粉少許

製法——把切碎的洋葱以油炒之待用。胡蘿蔔丁加開水煮爛，然後加青菜湯及熟洋葱煮沸，最後加入牛奶煮開，食時可加鹽及胡椒粉。

結果——十二至十四份。

（四五）豆粉珍珠米湯

材料——珍珠米（煮熟）二磅半　洋葱（切片）一個　開水四杯　油四分之一杯　牛奶二磅　鹽二茶匙　胡椒粉隨意　黃豆粉一杯

製法——珍珠米及洋葱同置於熱水中，煮至葱爛後，將珍珠米取出壓碎。將油熔化，同黃豆粉相混合，加牛乳及調味品等，加熱　煮十分鐘，倒入珍珠米泥及珍珠米湯內，再稍加熱即成。

結果——十至十四份。

（四六）洋芋快湯

材料——洋芋片二磅　洋葱片二湯匙　牛奶四磅　鹽一湯匙　油四分之一杯　香菜（切碎）半杯

製法——置洋芋、洋葱及牛奶於鍋內，以文火煮至熟爛爲止，須時加攪動，再加鹽及油稍煮即成。食時以香菜末撒於湯上。

結果——十至十二份。

（四七）洋芋白菜湯

材料——中等大洋葱（切碎）一個　洋芋丁二杯　水一杯　胡蘿蔔丁二杯　鹽一茶匙　淡奶一聽

製法——置胡蘿蔔、洋芋、洋葱及鹽於水中，煮至各物熟爛（約需二十分鐘），加牛奶稍煮片刻即成。

結果——六至八份。

（四八）黃豆洋芋湯

材料——洋芋丁四磅　洋葱（切片）一個　開水八杯　黃豆粉一杯　鹽　湯匙半　牛奶三磅　油二湯匙　香菜半杯

製法——將洋芋及洋葱煮熟至爛時，將湯盛出，將洋芋壓碎成泥。以黃豆粉用等量水混合，倒入湯及洋芋泥，加鹽、油及牛奶，同煮沸後加香菜。

結果——十二至十四份。

（四九）洋芋奶湯（一）

材料——中等大洋芋四個　中等大洋葱半個　黃油二湯匙　牛奶二磅　鹽一茶匙　胡椒粉少許　水一杯。

製法——將洋芋洗淨，切片，置於少量水中煮爛後，壓成泥。用水將洋葱煮熟，取出洋葱，將洋葱水　奶油、油、鹽、洋芋泥及胡椒粉同煮沸即成。湯上撒以香菜末。

結果——六至八份。

（五〇）洋芋奶湯（二）

材料——中號洋芋八個　中號洋葱（切碎）二個　黃油二湯匙　鹽二茶匙　胡椒粉四分之一茶匙

製法——洋芋湯三杯　蛋一個　牛奶一杯　果仁八分之一茶匙　香菜末少許
將洋芋洗淨，切成丁，加水煮熟，將洋芋取出，壓成泥。盛洋芋水三杯，留下待用。置洋葱於黃油內，煎至呈黃色，與洋芋泥、鹽及胡椒粉一起倒入洋芋水中，再加鷄蛋、牛奶、果仁等，同煮三分鐘，即可食。食時撒香菜末於上。

結果——六至八份。

（五一）羅宋咖喱湯

材料——豌豆帶湯一聽　番茄帶湯半聽　咖喱粉半茶匙　牛奶二杯半　鹽適量　香菜少許

製法——將帶湯豌豆、帶湯番茄、咖喱粉、牛奶一起置於鍋內，煮至沸，加調味品、鹽，試味至適口而止。進食時再撒以香菜。

結果——六份。

（五二）鮮魚濃湯

材料——煮熟之魚片二杯　洋芋（切丁）六隻　開水二杯　洋葱（切片）一隻　肥鹹肉一小塊　鹽一湯匙　胡椒粉八分之一茶匙　牛乳二磅

製法——將洋葱與肥鹹肉置於油中煎黃，再加洋芋及開水一起煮十分鐘，然後放入魚片，以文火燜二十分鐘，最後加入牛乳及其他調味品，至煮沸即得。

結果——六份。（任何魚類均可依此法烹煮。）

（三）濃湯（五三至八一）

（五三）白奶湯

材料——油二湯匙　麵粉四湯匙　鹽半茶匙　開水兩杯　淡奶一聽

製法——將麵粉、鹽置於油中煮融後，加牛奶及水煮成濃湯即可。

結果——四至六份。

（五四）牛奶油麵湯

材料——油類二湯匙　麵粉四湯匙　鹽半茶匙　開水六杯　淡奶一聽。

製法——將油質融化，加入麵粉和鹽，使均勻後，慢慢冲入淡奶，然後煮成厚漿狀，當煮時須時時攪動。

結果——六至八份。

（五五）四季豆濃奶湯

材料——四季豆（新鮮切絲）二杯　洋葱（切碎）一湯匙　黃油三湯匙　麵粉二湯匙　淡奶二杯　開水二杯　乾酪（切碎）四分之一杯

製法——將四季豆絲及碎洋葱置於油中煎熟，撒麵粉入菜內，慢慢加水，煮五分鐘，使成濃湯汁再倒入淡奶煮沸。撒乾酪入湯內即成。

結果——六至八份。

（五六）豌豆奶油湯

材料——鮮豌豆一杯　冷水八杯　小塊之鹹肥豬肉四兩　小洋葱半個　油四湯匙　麵粉三湯匙　鹽一又四分之一茶匙　胡椒粉八分之一茶匙　淡奶（加水一杯冲淡）一杯　香菜末或杏仁丁少許

製法——將洋葱、豬肉並煎透，加於八杯之冷水中，煮豆至熟爛爲止，將豌豆用紗籮壓成泥，將油燒熱，倒入麵粉，和勻成糊狀，再將豆泥及豆湯一起倒入鍋內，加鹽、胡椒及牛奶（如湯太濃，可加較多之牛奶），上撒以香菜末或烤熱之杏仁丁即得。

結果——八至十份。

（五七）乾豆或豌豆湯

材料——豆二杯　冷水十二杯　洋葱（切碎）半碗　油四分之一杯　麵粉二湯匙　牛奶二磅　鹽一湯匙

製法——將豆洗淨，置於水中浸一夜（用六杯水），翌晨再加其餘六杯水及洋葱，閉蓋煮十小時，至豆及洋葱煮爛爲止。將湯盛出，將豆及洋葱壓碎，將油融化，與麵粉混合，加牛奶攪勻，煮十分鐘，並隨時攪動。再加豆湯及豆泥、鹽，同煮熱即可。如湯太濃，可加水冲淡，結果——十二至十四份。

（五八）蔬菜快湯

材料——牛乳二杯（脫脂奶粉一杯與水一磅製成） 油三湯匙 麵粉一湯匙 蔬菜（切碎）（或洋芋，蘿蔔，聽頭珍珠米皆可）二杯 洋葱（切碎）一湯匙 鹽一又四分之三茶匙 水二杯

製法——將油融化與麵粉混合，加牛乳同煮，須時加攪動，煮至沸時，加蔬菜煮十分鐘後，再加調味品即得。

結果——六至八份。

（五九）蔬菜濃湯

材料——鹹肉丁四分之一磅 洋芋丁三杯 胡蘿蔔丁二杯 洋葱丁半磅 青辣椒一個 番茄汁（熱）二杯 淡奶（冲一杯水）一杯 麵粉二湯匙 鹽及胡椒粉少許 水一杯

製法——將洋芋、胡蘿蔔置於肉湯內煮熟，將鹹肉、洋葱、青椒置於油內煎十分鐘（勿使焦黃），並加麵粉和勻，再加牛乳及煮熟之蔬菜湯，稍煮片刻即成。

結果——六至八份。

（六〇）蔬菜奶油湯

材料——牛乳四磅　油四分之一杯　麵粉四分之一杯　鹽三茶匙　白菜或菠菜二杯

製法——先將牛乳煮熱，次將油（如凝成塊須先溶化）與麵粉相混，加少許熱牛奶，務使攪勻，再慢慢加其餘的牛奶，再加鹽及生蔬菜，於熱火上煮至菜熟時，可備食用。

結果——十二至十四份。

（六一）芹菜奶油湯

材料——芹菜三杯　開水二杯　鹽半茶匙　麵粉四湯匙　黃油四湯匙　牛奶二杯　胡椒粉八分之一茶匙

製法——將芹菜洗淨，切成小段（莖葉均要），置於少量之開水中，煮熟爛後，再用紗網壓濾將油燒熱，加入麵粉、牛奶、鹽和勻，製成白湯。再倒入已濾過之芹菜汁及菜泥內，稍煮即成。

結果——六至八份。

（六二）奶油菜花湯

材料——原鷄湯四杯　熟菜花三杯　黃油四分之一杯　洋葱（切片）一個　芹菜（切一寸長）一把　白菜半棵　麵粉四分之一杯　牛奶二杯　鹽、胡椒各少許

製法——留一杯菜花待用。將其餘二杯菜花壓成泥。置洋葱、芹菜及白菜於油內，煎五分鐘。將麵

粉以水和勻，加於湯中，再加菜花泥、牛奶、及其他作料。將此湯過濾後，加入菜花，稍煮即得。

結果——八至十份。

（六三）奶油蘆筍（龍鬚菜）湯

材料——原鷄湯三杯　蘆筍（新鮮者則煮熟之，或用聽頭者亦可）帶湯二杯　洋葱（切片）一個　黃油四分之一杯　麵粉四分之一杯　熱牛奶二杯　鹽及胡椒粉少許

製法——將蘆筍尖盛出待用。莖部仍置於蘆筍湯中，和以鷄湯煮五分鐘，以篩過濾碾細，倒入和勻之麵粉、黃油，再攪和之同煮，加鹽、胡椒、牛奶及蘆筍尖即成。

結果——八至十份。

（六四）黃瓜奶油湯

材料——黃瓜（大）三隻　黃油二湯匙　麵粉三湯匙　原鷄湯三杯　牛奶一杯半　洋葱一隻　蛋黃（打開）二隻　豆蔻一個　鹽及胡椒少許

製法——將黃瓜洗淨，去皮去子，切成片，置於油內炒十分鐘，再加麵粉及鷄湯。將洋葱及豆蔻置於牛奶中同煮，倒入以上之湯內，過濾之，加熱煮沸，再加蛋黃、鹽及胡椒即可。

結果——六至八份。

（六五）春季白濃湯

材料——原鷄湯四杯　大洋葱（切薄片）一個　油三湯匙　乾麵包屑半杯　牛奶一杯　奶油一杯　麵粉二湯匙　胡椒及鹽少許

製法——將洋葱置於一湯匙油中，煎五分鐘，加鷄湯及麵包屑煮一小時，以紗網過濾之，再加牛奶麵粉及油合成之湯稍煮片刻，加入奶油、鹽及胡椒至熱進食。

結果——十份。

（六六）公爵夫人湯

材料——原鷄湯四杯　胡蘿蔔（切丁）二根　洋葱（切片）二個　豆蔻葉片二根　乾酪（切碎）半杯　黃油三分之一杯　麵粉四分之一杯　牛奶（煮沸）二杯　胡椒粉八分之一茶匙　鹽一茶匙

製法——將蔬菜置於一湯匙半之油中，炒三分鐘，再加入鷄湯及豆蔻片，煮十五分鐘，加牛乳、黃油、麵粉同煮，加乾酪及其他作料即成。

結果——八至十二份。

（六七）香菌奶油湯

材料——新鮮香菌一磅　洋葱（切片）二個　黃油四分之一杯　麵粉二湯匙　淡奶（加水三杯冲淡）二杯　鹽、胡椒粉、香茶末各少許

製法——將香菌洗淨後切碎，將洋葱切成細片，將黃油燒熱後，倒入香菌、洋葱，炒十分鐘，加麵粉和牛奶拌勻，約煮二分鐘，至沸即可，趁熱進食，撒以胡椒粉、鹽及香茶末等。

結果——六至八份。

（六八）花生奶油湯

材料——油四湯匙　麵粉四湯匙　花生醬半杯　淡奶（加等量水冲淡）一聽　鹽少許

製法——將油燒熱，將麵粉倒入，和勻成糊狀，再慢慢加入牛奶及鹽，將花生醬倒入，稍煮片刻即成。

結果——六至八份。

（六九）果仁鷄湯

材料——濃雞湯四杯　芹菜（切碎）一杯　雞蛋（打好）一個　麵粉一湯匙　牛奶一杯　杏仁或花生三分之一杯　濃奶油（打好）半杯　鹽、胡椒粉、辣椒粉、香茶末少許

製法——在雞湯內加芹菜，蓋鍋煮二十分鐘，混合雞蛋、麵粉、及牛奶等物，以煮熱之雞湯慢慢倒入，再煮五分鐘，煮時須時加攪動，並加入鹽及胡椒粉。將果仁均勻撒入湯內，上倒以濃

奶油，再撒香菜末及辣椒粉於湯上。

結果——六至八份。

（七〇）蔬菜魚香湯

材料——中等大洋葱（切片）三個　油二湯匙　洋芋丁三杯　胡蘿蔔（切丁）五根　開水三杯　魚（去骨切薄片）一磅　麵粉一湯匙　淡奶一杯

製法——將洋葱置於油中，煎至黃色時，加洋芋，胡蘿蔔，開水同煮　至快熟時，再加入魚片煮至熟，即加入以冷水和勻的麵粉，再倒入牛奶煮至沸。

結果——六至八份。

（七一）奶油蟶子湯

材料——蟶子一磅　白麵粉汁四杯　酒二湯匙　鹽　辣椒粉　香菜少許

製法——將蟶子洗淨，將皮剝去，用酒泡浸，加水煮至邊部捲曲，即加白麵粉汁、鹽、及辣椒粉煮熟，撒以香菜即成。

結果——四至六份。

（七二）肝湯

材料——肝（切碎）半磅　蘑菇（切碎）一杯　香菜（切碎）二茶匙　黃油三湯匙　鹽一茶匙　濃肉湯四杯　麵粉一湯匙　淡奶一杯

製法——用二湯匙黃油將肝，蘑菇，香菜入鍋炒五分鐘，加鹽及肉湯，閉蓋燉二十分鐘　至熟爛為止。再用黃油一湯匙，煎麵粉至黃色，加入少許以上之肉湯，攪拌成糊狀，再以此糊狀湯傾入以上肝及肉湯內，加淡奶，以微火煮五分鐘即得。

結果——八至十份。

（七三）珍珠米奶湯

材料——黃油二湯匙　洋葱（切細）四分之一杯　青椒（切碎）半杯　麵粉四分之一杯　鹽一茶匙　辣椒（切碎）少許　開水三杯　珍珠米一又四分之三杯　淡奶三又三分之一杯

製法——以洋葱及青椒置於油內，煎五分鐘，加麵粉，鹽及辣椒拌勻，再　慢加水及珍珠米，煮成稠狀。煮時須常攪動，食時可加牛奶煮開，趁熱食用，有時可加煮老之蛋（切碎）於湯內。

結果——十二至十四份。

（七四）番茄珍珠米奶湯

材料——洋葱（切碎）一個　黃油四分之一杯　洋白菜四個　五香料隨意　麵粉二湯匙　糖二湯匙

鹽一茶匙　胡椒粉半茶匙　水三杯　聽頭珍珠米（切碎）二杯　聽頭番茄二杯

製法——置洋葱於油中煎五分鐘，再加洋白菜，五香料及麵粉同炒二分鐘，加其它作料，以文火煮半小時即成。（如要濃湯，可在進食前，用二枚鷄蛋黃打好，呈淺黃色，加半杯奶油倒入湯內即成。）

結果——八至十份。

（七五）番茄奶油湯

材料——新鮮番茄三杯半（或聽頭番茄二杯半）　洋葱（切碎）四分之一杯　油二湯匙　麵粉三湯匙　糖半茶匙（不用亦可）　牛乳三杯　鹽一茶匙

製法——將番茄及洋葱同煮（新鮮番茄煮二十分鐘，或聽頭番茄煮十分鐘），煮熟後，壓成泥，過濾，將油燒熱，倒入麵粉和勻（可加糖），再慢慢倒入以上過濾之湯，以文火煮成稠湯，然後慢慢倒入牛奶，加鹽煮熱即得。

結果——六至八份。

（七六）番茄肉丁濃湯

材料——猪肉丁一磅　麵粉四湯匙　洋葱（切碎）半個　番茄（中號）三個　洋芋丁二杯　胡蘿蔔（切片）一杯半　油（牛油亦可）二湯匙　水四杯　鹽一茶匙　胡椒粉少許

製法——將鹽、胡椒粉及二湯匙麵粉拌勻，和入肉丁，置油中煎之，再加洋葱炒至呈黃色，又加二杯水，閉蓋煮一小時，至肉熟爲止。將番茄洗淨，去莖，切成四瓣，加洋葱，胡蘿蔔，及水一杯，一同倒入湯內，煮至熟（視情形，可酌量加水），再用二湯匙麵粉和以水拌勻，倒入湯內，煮開即成。

結果——六至八份。

（七七）牛尾湯

材料——牛尾一根　麵粉少許　水二杯　鹽半茶匙　辣椒粉八分之一茶匙　芹菜丁三分之一杯　胡蘿蔔丁三分之一杯　葱或洋葱（切碎）三分之一杯　胡椒粉八分之一茶匙　荷蘭芹菜（切碎）二湯匙　肉骨湯二磅

製法——將牛尾洗淨，切成小塊，外滾以麵粉，入油鍋急煎之，再加水及調味品　煮沸十分鐘，撇去浮泡，以文火煮二、三小時，至熟爲止。取出牛尾，去其骨，仍置牛尾於湯內，加入芹菜、胡蘿蔔、葱及肉骨湯，煮沸約二十分鐘即成。

結果——八份。

（七八）蟹肉濃湯（或名紐奧連濃湯）

材料——帶殼蟹十二隻（或蟹肉二杯）　黃油三湯匙　大號洋葱（切片）一只　水六杯　德國捲心

小白菜（切片）二磅　蠔油（或蝦油）二茶匙　黃酒一湯匙　飯少許　肉桂少許

製法——將螃蟹洗淨，煮熟後，將肉剔出，與洋葱同置於熱油中煎炒十分鐘，加其他蔬菜同炒十分鐘，倒入蠔油，水，以文火煮半小時，至各菜煮熟時，倒入黃酒及飯即成。

結果——八份。

（七九）杜伯莉濃湯

材料——牛肉湯（原汁）六杯　牛尾一根　飯四分之一杯　青辣椒（切碎）半個　花菜心（煮熟）半個　花生或杏仁（切碎）一湯匙

製法——將牛尾洗淨切斷，置於牛肉湯內，加青椒煮十五分鐘，過濾之，待冷，撇去湯上之油，再煮，加花菜心，飯及果仁等物。

結果——六至八份。

（八十）洋葱濃湯

材料——小洋葱（切薄片）五個　黃油三湯匙　牛肉湯六杯　乾酪三湯匙　烤麵包（切片）六片

製法——將洋葱置於油中煎軟，再加牛肉湯，鹽，以文火煮三十分鐘，將乾酪塗於麵包片上，置於湯盆或湯碗內，以煮熟之湯倒於每一碗中即得。

結果——六至八份。

(八一)麥片菜湯

材料——黃油二湯匙　大洋葱(切片)一個　胡蘿蔔(煮熟切丁)三根　熟豌豆一杯　番茄二杯
熟麥片一杯　水五杯　鹽適量

製法——將油熔熱，倒入洋葱，炒成黃色，再將其餘作料一起倒入煮二十分鐘即得。

結果——六份。

（四）冷　湯（八二至八三）

（八二）香冷鷄湯

材料——罐頭鷄湯六杯　鷄蛋六只　檸檬汁五湯匙　鹽半茶匙　胡椒粉四分之一茶匙　白葡萄酒（上甜）二湯匙

製法——將鷄湯（若含有其宅食物或鷄肉者，則須先過濾成清湯）置於微火上煮，將鷄蛋打好，加檸檬汁、鹽、及胡椒，繼續打勻，再漸漸倒入鷄湯中，時時攪動。最後加白葡萄酒，倒入薄磁碗內，冰冷後，美味可口。

結果——六至八份。

（八三）番茄牛奶鷄尾汁

材料——冰開水半杯　番茄汁一杯　脫脂奶粉四分之一杯至半杯　鹽及香料少許

製法——將水、番茄汁、鹽及香料混合，將奶粉均勻，撒入。以打蛋器打透即可。冷飲最佳。

結果——三至四份。

（五）飲料

（八四至一一六）

（八四）可可糖汁

材料——可可粉一杯　白糖一杯　食鹽四分之一茶匙　冷水二杯　香草精半茶匙

製法——混合可可、糖和鹽，置一小鍋中，徐徐加水，煮數分鐘，並時時攪之。如需香料，則可加入香草精，然後儲於玻璃瓶內，以備取用。當作飲料時，用煮好之汁一湯匙，加入半杯淡奶，並冲以半杯開水或冷開水。

結果——先存於瓶中，蓋好備用。

（八五）可可茶（一）

材料——可可粉二湯匙　白糖二湯匙　食鹽少許　水二杯　淡奶一聽

製法——將可可粉、糖和鹽，混合於小鍋中，徐徐加水，煮數分鐘，時時攪動之，然後加入淡奶即成。

結果——四至六份。

（八六）可可茶（二）

材料——可可粉三湯匙　糖三湯匙　淸水四分之三杯　開水二又四分之一杯　淡奶二又四分之一杯　食鹽少許

製法——混合可可粉、糖、鹽後，加入清水，用文火煮三分鐘，當煮之時，須時時攪之，再加入沸水與牛奶，繼續數分鐘，但須注意勿使可可燒焦。

結果——六至八份。

（八七）巧克力牛奶茶

材料——巧克力糖汁二至三湯匙　冷開水一杯　脫脂奶粉四分之一杯至半杯

製法——將巧克力糖汁與冷開水混合，篩入脫脂奶粉，並用打蛋器打至勻和，或將各製用成份置於一有蓋之玻璃瓶中，用力搖動，使勻和，冷飲之。

結果——二份。

（八八）牛奶巧克力汁

材料——巧克力糖漿二至三湯匙　冷開水一杯，脫脂奶粉四分之一至半杯　鹽及香料少許

製法——將巧克力，糖漿及冷開水混合，撒奶粉於其上，用打蛋器打至透，再加鹽及香料，搖動使其均勻後即成。

結果——二份。

（八九）香料牛奶

材料——開水二杯　淡奶一聽　肉桂粉少許　豆蔻粉或其他香料少許

製法——將開水冲入香料，加入淡奶，如需甜味，可加入白糖，熱飲或冷飲均可。

結果——六份。

(九〇)牛奶果子汁

材料——菓子醬(註)　鮮檸檬汁半茶匙　糖二至四湯匙　食鹽少許　冷開水一杯　脫脂奶粉四分之一杯

製法——將菓子醬、檸檬汁、糖、鹽，和以冷開水，慢慢篩入脫脂奶粉，並攪和之，冷飲。

結果——二至三份。

註——菓子醬用四分之一杯煮熟之烏梅或杏醬及汁液，或用一只中等大小之香蕉做成。

(九一)番茄牛奶汁

材料——淡奶四分之三杯　冷開水四分之三杯　番茄汁或番茄二杯　食鹽半茶匙

製法——將淡奶和以冷開水，再攪入番茄汁。如用番茄，則將其漿與汁壓出，加入牛奶中，再加入食鹽。

結果——四份。

(九二)葡萄汁

材料——紫葡萄三分之一磅　糖十湯匙　水一又四分之一杯

製法——將葡萄洗淨，去其莖，置於杯內，以匙壓碎之，再置於鍋內，加水閉蓋同煮至葡萄爛熟。再過濾此湯，將渣滓濾去，加糖稍煮二、三分鐘，俟冷可食。色美味甜，並有補血之功。

結果——二份。

(九三)熱飲果子汁

材料——聽頭番茄汁或橘子汁或菠蘿汁四分之三杯　檸檬粉四分之一茶匙(加一杯開水調溶)　糖適量

製法——將果汁煮熱，加適量之糖卽可飲之。

結果——二份。

(九四)西印度牛奶茶

材料——冷開水一杯　糖漿二至三茶匙　脫脂奶粉四分之一杯至半杯

製法——置冷開水於碗中，加糖漿和勻，篩入脫脂奶粉，用打蛋器打勻，或將各製用成份置於一有蓋之玻璃瓶中，用力搖動使勻，冷飲之。

結果——二至三份。

(九五)橘子牛奶茶

材料——冷開水半杯　橘子汁四分之一杯　磨細之橘皮半茶匙　蜂蜜一茶匙　脫脂奶粉半杯

製法——用冷開水溶和橘子汁、磨細之橘皮和蜂蜜，篩入脫脂奶粉，用打蛋器打勻，冷飲之。

結果——二份。

(九六)番茄牛奶茶

材料——冷開水半杯　番茄水一杯　脫脂奶粉四分之一杯　食鹽少許

製法——將冷開水與番茄汁、食鹽調和，篩入脫脂奶粉，並用打蛋器打至勻和，冷飲之。

結果——二份。

(九七)杏仁茶

材料——杏仁粉二湯匙　藕粉半湯匙　糖一湯匙　沸水一杯　冷開水一湯匙半

製法——將杏仁粉、藕粉、糖同置杯內，以冷開水調勻，放入沸水鍋中煮二、三分鐘即成。

結果——一至二份。

(九八)撈糟小湯丸

材料——淨撈糟三湯匙　糖一湯匙半　米粉三湯匙　水一杯

製法——將米粉加二湯匙水和勻，製成小湯丸(如花生米大)。將撈糟置水內煮至沸時，加小湯丸煮熟後，即可食。食時加糖。

結果——二份。

(九九)綠豆百合湯

材料——百合兩隻　綠豆四分之一杯　糖四湯匙　水四杯

製法——將綠豆洗淨，置水內煮至快熟時，加剝好之百合再煮。俟百合熟時，加糖再煮五分鐘即可食。冷食更佳。

結果——二至四份。

(一〇〇)赤豆湯

材料——赤豆四分之一杯　糖二湯匙　丁香五粒　水六杯

製法——將赤豆洗淨，置於水內加丁香同煮至爛熟時，加糖再煮片刻即成。(亦可過濾此湯，將豆皮濾出成豆沙湯。)

結果——三至四份。

（一〇一）桃子羹

材料——新鮮桃子二個　糖一湯匙半　水一又四分之一杯

製法——將桃子去皮，用刀切成片，置於水內，煮至快爛時，加糖．閉蓋再煮十分鐘即可。冷食。（若先以糖醃之再煮，可保持桃子形狀之完整。）

結果——二份。

（一〇二）香梨羹

材料——大梨一只　糖一湯匙半　丁香五粒　水一又四分之一杯

製法——將梨削去皮後，切片，同丁香齊置於水中煮至梨將熟時，加糖，再煮十分鐘即成。冷食甚佳。

結果——二份。

（一〇三）櫻桃羹

材料——櫻桃四分之一磅　糖四湯匙　水一又四分之一杯

製法——將櫻桃洗淨，去莖，以匙搗碎，加糖同置於水內，煮二十分鐘後，過濾，去核及皮即成。

結果——二份。（或壓碎，先以糖醃　刻鐘，可煮得整個櫻桃。）

（一〇四）草梅奶羹

材料——草梅四分之一磅　糖四湯匙　冰牛奶（先煮過）一杯
製法——將草梅洗淨，消毒後，浸糖內浸二十分鐘，再將此糖草梅置冰牛奶中，即可冷飲。
結果——二份。

（一〇五）荸薺羹

材料——荸薺四分之一磅　糖二湯匙　水一杯半
製法——將荸薺洗淨，不去皮，置於水內煮約半小時，俟荸薺熟，湯變紅色時再加糖　稍煮片刻即成。（荸薺羹色紅味香，可作飲料，荸薺可去皮食之。）
結果——二份。

（一〇六）紅李子羹

材料——紅李子四分一磅　糖四湯匙　水　杯半
製法——煮法與荸薺羹同，然不去皮，羹色洋紅如葡萄汁，味甜。

結果——二份。

（一〇七）杏羹

材料——鮮杏四分之一磅　糖四湯匙　牛奶一又四分之一杯

製法——將杏子洗淨去皮，切成兩瓣，置水內煮約二十分鐘，加糖再煮二、三分鐘即成。

結果——二至三份。

（一〇八）橙子羹

材料——橙子一只　糖一湯匙　冷開水一杯

製法——將橙子去內外皮，置杯內加糖及水合煮。

結果——二份。

（一〇九）菠蘿羹

材料——菠蘿四分之一個　糖三湯匙　水一又四分之一杯

製法——將鮮菠蘿去皮後，以極淡之鹽水洗淨，切成小塊，去其不能吃之中間部份，加糖，加水，同煮十五分鐘、俟冷，或置於冰箱中，然後食之。

結果——二份。

(一一〇)葛仙米羹

材料——乾葛仙米(半杯) 冰糖二大塊 桂花少許 水三杯

製法——將乾葛仙米先置於冷水中浸透,洗淨,置於搪瓷鍋或鋁製鍋中,加水煮至快熟時,再加冰糖及桂花入內,煮至全熟時即可食。但加糖煮時,須時時攪動。此羹色玉綠,味香甜,冷熱飲均可。

結果——四份。

注意——不可置鐵鍋中煮,易變黑色。

(一一一)核桃羹

材料——核桃仁三湯匙 白芝蔴(搗碎成泥)半茶匙 糖一湯匙 沸水一杯 冷水一湯匙半

製法——將核桃仁置於開水中,稍浸二三分鐘後,即剝去其皮,置於鉢中搗碎成泥,和以芝蔴泥,糖,同置於杯內,用冷開水調勻,再倒入沸水中煮三分鐘即可。

結果——二份。

(一一二)雞蛋羹

材料——雞蛋(打勻)一個 糖一湯匙 冷開水一杯 香料半茶匙 肉桂粉或荳蔻粉少許(不用亦

可）　脫脂奶粉四分之一至半杯

製法——將糖與雞蛋混合打勻，加水，與各種香料調和，篩入脫脂奶粉，攪和使勻，蒸透食之。

結果——二份。

（一一三）牛奶羹

材料——凝乳酸片一片　冷開水一湯匙　鮮牛奶二杯　白湯三湯匙　香草精一茶匙

製法——將凝乳酸片壓碎，使溶解於冷開水中，將糖與香草精加入牛奶中，慢慢加熱使溫，並時時攪之。溫熱後，即離開火，加入溶解之凝乳酸片，加快攪勻，片刻即成。然後傾入個人食用之杯盤中，使其冷卻凝固。

結果——三至四份。

（一一四）檸檬雪

材料——檸檬膠凍粉一袋裝　開水二杯　鮮檸檬汁一湯匙　蛋白一個

製法——置膠凍粉於沸水中，溶化後，加檸檬汁，使漸漸冷成糖醬狀。倒入打好之蛋白，再打成厚濃之液體，分盛於小蛋糕模型中，置於冰箱內，冷凝後即可食。

結果——四份。

(一一五)冰粉凍

材料——洋菜(Agar-agar)半兩　糖二湯匙　水一又四分之一杯

製法——將洋菜及糖置於水內，煮至沸，俟洋菜全溶後，倒入杯內，置冰箱中，俟冷凝成凍時即可食。(有時可以一半份量之菓汁，代以一半份量之水以煮洋菜。)

結果——二份。

(一一六)冰雪菓子湯

材料——橘子汁一杯　葡萄汁四分之三杯　丁香五粒　二吋長之桂皮一塊　鹽八分之一茶匙　聽頭菠蘿蜜汁一杯　藕粉或玉米粉一湯匙　冷開水三分之一杯　糖四分之一杯

製法——將丁香及肉桂置於橘子汁及葡萄汁內，藏於冷處(或冰箱內)數小時，或過夜更好。將菠蘿汁煮沸，加藕粉或玉米粉及水，拌勻後，煮二分鐘，再加糖、鹽，及以上之橘子、葡萄汁，過濾之，置於冰箱內，使冷即可食。

結果——六份。

書名：湯與飲料
系列：心一堂•飲食文化經典文庫
原著：【民國】方文淵、張秀蓉
主編•責任編輯：陳劍聰

出版：心一堂有限公司
通訊地址：香港九龍旺角彌敦道六一〇號荷李活商業中心十八樓〇五一〇六室
深港讀者服務中心：中國深圳市羅湖區立新路六號羅湖商業大厦負一層〇〇八室
電話號碼：(852) 67150840
網址：publish. sunyata. cc
淘宝店地址：https://shop210782774. taobao. com
微店地址：　https://weidian. com/s/1212826297
臉書：　　　https://www. facebook. com/sunyatabook
讀者論壇：　http://bbs. sunyata. cc

香港發行：香港聯合書刊物流有限公司
地址：香港新界大埔汀麗路36號中華商務印刷大廈3樓
電話號碼：(852) 2150-2100
傳真號碼：(852) 2407-3062
電郵：info@suplogistics. com. hk

台灣發行：秀威資訊科技股份有限公司
地址：台灣台北市內湖區瑞光路七十六巷六十五號一樓
電話號碼：+886-2-2796-3638
傳真號碼：+886-2-2796-1377
網絡書店：www. bodbooks. com. tw
心一堂台灣國家書店讀者服務中心：
地址：台灣台北市中山區松江路二〇九號1樓
電話號碼：+886-2-2518-0207
傳真號碼：+886-2-2518-0778
網址：http://www. govbooks. com. tw

中國大陸發行　零售：深圳心一堂文化傳播有限公司
深圳地址：深圳市羅湖區立新路六號羅湖商業大厦負一層008室
電話號碼：(86)0755-82224934

版次：二零一四年十一月初版，平裝

心一堂微店二維碼　　心一堂淘寶店二維碼

定價：
港幣　　六十八元正
人民幣　六十八元正
新台幣　二百二十元正

國際書號 ISBN 978-988-8316-09-0